RÉPONSE
A L'AUTEUR
DES DOUTES
D'UN PROVINCIAL.

RÉPONSE

A L'AUTEUR

DES DOUTES

D'UN PROVINCIAL,

Proposés à MM. les Médecins-Commissaires, chargés par le Roi de l'examen du Magnétisme animal.

A LONDRES.

1785.

RÉPONSE
A L'AUTEUR
DES DOUTES D'UN PROVINCIAL,

Proposés à MM. les Médecins-Commissaires, chargés de l'examen du Magnétisme animal.

J'AI lu, Monsieur, avec un singulier intérêt, les doutes que vous proposez aux Médecins-Commissaires chargés par le Roi de l'examen du Magnétisme animal. On ne peut pas écrire avec plus d'agrément, avec plus de goût ; on ne peut pas mettre plus d'esprit dans la discussion, plus d'art dans la maniere de présenter les objets ; enfin on ne pouvoit pas tirer un meilleur parti d'une pareille cause. Quelques personnes ont prétendu que vous aviez donné un peu trop d'extenſion à ces doutes, & qu'en doutant de tout, vous n'aviez pas aſſez douté de vous-même. Quant à moi, j'ai cru, en vous liſant, entendre un habile Avocat-Général, qui, la balance à la main, rapportoit avec ſoin toutes les pieces, toutes les circonſtances d'un procès, les comparoit, les peſoit avec une ſorte d'équité; mais qui n'étoit pas fâché que la balance penchât un peu d'un côté; car on lui entendoit dire : *je ſuis bien loin de me ſentir impartial*, (voy. pag. 2). Malgré cette partialité, je me ſentois encore diſpoſé en votre faveur; mais il y a tant de choſes à dire ſur votre écrit, que vous ne trouverez pas mauvais qu'on en examine au moins les principales propoſitions.

Dès le début, vous nous annoncez que vous n'êtes point Médecin, & que vous n'avez ſur la Phyſique générale & particuliere que des notions bien foibles. Vous allez cependant agiter des queſtions de Phyſique & de Médecine, les réſoudre même, & prendre parti en faveur de quelqu'un. Convenez que vous avez beſoin d'indulgence; car il ſemble qu'il vous manque, d'après votre propre aveu, les deux qualités principales pour bien juger, la connoiſſance de la choſe dont vous allez parler, & l'impartialité requiſe pour porter un jugement. Comment ſe perſuader alors que vous ayez écrit pour être cru ? Vraiſemblablement vous n'avez eu d'autre intention que de vous faire lire. Mettez-vous à la place du public. Que diriez-vous d'un Juge Rapporteur qui avertit un brillant auditoire, dont il brigue le ſuffrage, que, quoiqu'il ne connoiſſe pas le fond de l'affaire qu'il va expoſer, il a déja épouſé la cauſe d'une des Parties ? Prenez garde, ce public eſt ſévère.

Il réſulte donc déja, du peu qu'on vient de lire, que vous n'êtes point Phyſicien, quoique vous parliez Phyſique ; que vous n'êtes point Médecin, quoique vous parliez Médecine ; qu'il vous importe fort peu d'être cru, quand vous écrivez, & que vous n'êtes point exempt de partialité dans les cauſes dont vous entreprenez la défenſe. D'après cela, ſi quelqu'un dit que vous êtes un Juge récuſable, on ne peut pas le lui conteſter, quand même vous auriez mis toutes vos décisions ; même les plus tranchantes, sous le titre de Doutes.

C'est dans le premier paragraphe de ces Doutes, que vous dites, mais d'une maniere très-décisive, « que la Médecine, ou si l'on aime » mieux, les Médecins vous ont tué, que » vous ne pouvez pas trouver un terme plus » doux ; que le Magnétisme au contraire, » vous a soulagé, & que vous croyez, EN » CONSCIENCE, qu'il vous auroit entiérement » guéri, si vous eussiez eu le loisir & la » patience de l'être ; mais qu'on sait assez que » dans ce monde, la chose qu'on peut le » moins faire, c'est son propre bien ». (Voy. pag. 2).

Voilà un sacrifice bien noble ! Quoi ! vous n'avez pas eu le loisir, la patience d'être guéri, & vous avez le loisir & la patience de composer un Livre de 134 pages contre les Médecins ! En vérité, à force de lire vos Doutes, je commence à douter moi-même que votre mort soit l'ouvrage de la Médecine, & votre résurrection, celui du Magnétisme. On a tant de peine à concevoir qu'un malade ſoulagé & en train de guériſon, l'abandonne, ſacrifie ce grand intérêt de la ſanté, de la vie, & le plaiſir ſur-tout d'être guéri comme par enchantement, qui eſt la maniere ordinaire du Magnétiſme, au dégoût de faire un Livre, d'y encadrer ſes penſées, de corriger les épreuves, qu'EN CONSCIENCE, on ne peut pas ſe le perſuader. Comment imaginer, en effet, qu'un homme qui auroit fait naufrage, & auquel on offriroit une planche propre à le ſauver, au lieu de s'en ſervir & de gagner le port, s'amuſeroit à en faire l'éloge, quoique toujours dans le danger ?

Vous ajoutez, pag. 3, » Auſſi le rapport » des Commiſſaires m'a-t-il déſolé, en prou- » vant que le Magnétiſme n'eſt qu'une chimere, » une illuſion, & vous leur dites : avez-vous » donc compté pour rien, Meſſieurs, d'enlever » aux hommes une illuſion heureuſe, que dis-je, » une illuſion utile ? J'aime bien mieux cette » innocente chimere que vos funeſtes réa- » lités ».

Il me ſemble entendre nôtre navigateur, à

fréquens naufrages, qui dit : j'avois une planche pour me ſauver ; vous me prouvez que ce n'eſt qu'un morceau de liege ; mais avez-vous donc compté pour rien l'illuſion que je me faiſois ſur ce corps, la douce eſpérance à laquelle je me livrois ? vous ne me rendez rien ; vous ne me laiſſez rien. Cette apparence de planche valoit encore mieux que les vôtres, que vos triſtes chaloupes, vos funeſtes navires ; & vous êtes tous coupables, puiſque vous n'avez pas ſçu me tromper, puiſque vous n'avez pas pu me faire la même illuſion.

Tel eſt l'arrêt irrévocable que vous prononcez contre les Nautonniers, contre tous leurs vaiſſeaux, contre l'art même de la navigation ; & le tout à cauſe du fatal naufrage que vous avez fait. Mais eſt-ce notre faute, Monſieur, ſi par hazard vous avez voyagé ſur quelque mer orageuſe, ſi votre navire étoit mauvais, ainſi que votre pilote ; ſi dans vos naufrages vous préférez un morceau de liege à des planches ſolides. Pourquoi ne nous avertiſſiez-vous pas, en nous faiſant connoître vos goûts ? Nous aurions été ſur nos gardes,

& en cas d'accident, chacun auroit imaginé le genre de chimere qui vous convient le mieux. Mais vous ne nous dites rien, & tout-à coup vous faites une ſortie contre les Médecins.

Si vous traitez toutes les profeſſions, auxquelles vous avez affaire, avec la même rigueur de logique que les Nautonniers ou les Médecins, que n'ont-elles pas a redouter? Lorſque vous perdez, par exemple, le plus léger incident dans un procès, votre cauſe fut-elle des plus mauvaiſes, il ne s'agit de rien moins ſans doute que d'en intenter un à tous les Juges, à tous les Tribunaux. Lorſque vous avez recours à quelque Architecte, pour conſtruire une maiſon, tous ceux de votre canton doivent faire des vœux pour qu'elle ſoit bien faite & à votre goût; car il paroît, du train que vous y allez, que vous ne feriez grace à aucun.

Vous nous direz peut-être : cela eſt reçu. Quand il s'agit de toute autre profeſſion, on n'y regarde pas de ſi près. Mais quand il eſt queſtion des Médecins, on ne riſque rien d'être injuſte à leur égard, de ne faire grace à aucun. Ne voudroient-ils pas exiger encore de nous une force de raiſonnement, après avoir affoibli tous nos organes ? Ce ſeroit bien la plus grande de toutes les injuſtices, le plus violent de tous les deſpotiſmes. Heureuſement, ils m'ont laiſſé aſſez de vie pour leur tenir tête, & ce n'eſt qu'avec eux que je veux manquer de logique. On ſçait bien d'ailleurs que je n'en manque pas.

„ Le plus grand avantage, dites-vous, de cette „ innocente chimere qu'on appelle le Magné- „ tiſme, c'eſt d'écarter de nous les poiſons, „ les poignards de la Médecine. Eh! plût à „ Dieu, ajoutez-vous, que le Magnétiſme „ fût la ſeule Médecine, celle des Curés, „ celle des meres de famille! „ La nature, que les Médecins ont méconnue, ne ſeroit plus opprimée, étouffée ; elle feroit entendre ſa voix, & le Magnétiſme ſerviroit à faire connoître au moins ſes intentions, à diriger ſes vo- ontés.

Mais je vous prie, Monſieur, de me dire, que feroit cette nature, que vous nous reprochez tant d'avoir méconnue, ſi elle étoit aux prises, par exemple, avec cette Demoiselle d'Amérique dont vous parlez, pag. 53, qui couvoit depuis tant d'années chez ce galant homme ou homme galant qui vous en fit confidence au bacquet, *où regnent*, dites-vous, *la confiance & l'égalité primitives?* Elle auroit beau se débattre cette nature; elle seroit vaincue & forcée d'avoir recours à quelqu'un de ses Ministres.

Vous n'ignorez pas, Monsieur, qu'il est des maladies au-dessus de la nature & même du Magnétisme, qui, dans l'occasion dont vous parlez, ne fit que mettre le mal en évidence. Il est vrai qu'il le fit toucher, *au doigt & à l'œil*, comme vous le dites ailleurs. Il est certain que cette découverte a été due au bacquet. Lorsque cela tombe sur un Ménuisier ou sur un Tonnelier, le phénomene est moins difficile à expliquer; & il est évident que c'est alors l'effet de quelqu'un de ses bacquets, c'est-à-dire, de son ouvrage qui réagit sur son auteur. Mais lorsque cela arrive, comme on l'observe tous les jours, à ceux qui n'ont pas l'honneur de siéger aux bacquets, ou qui ne sont pas

Menuiſiers, le phénomene eſt beaucoup plus embarraſſant. Auſſi, ne vous nie-t-on pas ce qui paroît inconteſtable, & on eſt d'accord avec vous ſur ce point.

Nous ne ſommes pas encore aux reproches graves; vous conviendrez d'ailleurs que, juſqu'ici, tout ſe réduit à de pures billeveſées.

Vous reprochez, par exemple, à l'Auteur du *Meſmer juſtifié*, de s'être moqué de tout cela. Vous exigez même qu'il réfléchiſſe beaucoup, à l'exemple des Nations étrangères, & qu'il réfléchiſſe ſans rire, aux effets d'un bacquet. Mais ne croyez-vous pas que le Tonnelier de Nevers, en compoſant ſes jolies chanſons bachiques, en même-tems que ſes bacquets, n'ait fait autant de bien à la Nation en l'égayant, que M. Meſmer, en l'attriſtant avec les ſiens, quoiqu'il y mette de l'eau & des bouteilles caſſées? Croyez-moi, pour tirer bon parti d'un bacquet, d'un tonneau, il faut aller aux Italiens, entendre chanter :

> Un Tonnelier,
> Dans ſon tonneau, &c.

Ou chez la blanchiſſeuſe, lorſqu'elle coule

gaiement ſa leſſive ; & perſuadez-vous que tout bacquet n'eſt qu'un compoſé de morceaux de bois de chêne ou de ſapin, & que toute la différence qui exiſte entre tous les cuviers, les bacquets, les tonnes & les tonneaux, c'eſt qu'il y en a qui, ſuivant les gens & les circonſtances, inſpirent de jolies chanſons, du plaiſir, & de la gaité, & d'autres qui font faire de fort laides grimaces, ſur-tout lorſqu'ils ſont placés dans de beaux appartemens, rue Vivienne, ou rue Coquéron.

Combien de fois & en combien de manières, ne reprochez-vous pas aux Médecins, de donner un fatras de drogues, de remèdes, & d'étouffer ainſi ce cri de la nature, qui dit : *ne me tuez point !* On voit bien que vous ne connoiſſez que la Médecine magnétique, & que vous n'avez jamais été Médecin. Vous allez juger de notre embarras.

D'un côté, les Apothicaires ſe plaignent depuis pluſieurs années, que la Médecine eſt trop ſimple ; qu'on n'ordonne pas aſſez de drogues : & dans le fait, leur profeſſion eſt mauvaiſe pour cette ſeule raiſon : d'un autre, le peuple, ſur-tout celui des Vaporeux, demande avec tranſport, nous crie à tue-tête; donnez-nous donc des remèdes, quelques médicamens. Si le Médecin s'y refuſe, ils ont recours aux Charlatans, qui leur en vendent tant qu'ils veulent. Combien y a-t-il de gens, dans ce monde, qui ne meſurent le mérite d'un Médecin, que ſur la longueur de ſes ordonnances, ou qui ne le quittent qu'à cauſe de ſes formules trop courtes. Vous entendez un de ces beaux-eſprits, qui dit : ce Médecin ne peut pas me guérir; il ne me donne preſque rien. Que peuvent me faire la crême de tartre, le petit lait, les bains, quelques ſels, quelques jus d'herbes! Ce n'eſt tout au plus que pour me préparer, ou pour m'amuſer. Il faut que j'en prenne un autre. Vous ſavez que ces ſortes de malades déſeſpèrent de leur guériſon, ſi leur cheminée n'eſt garnie de cinq ou ſix ſortes de potions, ſi leurs gens ne diſent, en publiant le bulletin de la maladie : il faut que notre maître ſoit bien mal, il a une potion à prendre à cinq heures du matin, une autre à huit, une autre à midi, &c. Si les choſes ne ſont point ainſi, on en prend un autre qui ſache bien médicamenter.

Le Médecin perd donc ſouvent la confiance du malade, précisément par la raiſon qui auroit dû la lui conſerver, parce que ſes formules ne ſont pas aſſez longues, parce qu'il n'ordonne pas aſſez de drogues.

D'autre part, un ſinge de Montaigne ou de Rouſſeau, jugeant des Médecins par la pratique d'un Chirurgien de village, qui l'aura ſaigné, purgé, émétiſé, à toute outrance, croit que tous les Médecins en font de même, ne donnent pas ſeulement le tems aux malades de reſpirer, à la nature, celui de ſe reconnoître, d'opérer une criſe. Le traitement qu'il a eſſuyé, devient un texte fécond pour un ſuperbe diſcours, pour une ſatyre ſanglante contre tous les Médecins. Il y met en françois, ce que Pline diſoit en latin, ſur-tout cette phraſe, *priſci rem medicam non damnabant, ſed artem*, & fait enſuite des jeux de mots, ſuivant le goût du ſiècle, pour prouver que les Médécins l'ont tué, ou qu'ils doivent arriver ſans la Médecine.

Vous voyez donc bien qu'ils font fouvent jugés diverfement. Mais du moins, Pline en faifant fes forties contre la Médecine, avoit des connoiffances, étoit même fondé vis-à-vis de certains Médecins, de fon tems, qu'il nomme, & dont il fait connoître les fyftêmes & les travers. Vous ne nous avez pas fait connoître les nôtres. Quelle confiance voulez-vous que nous ayons en quelqu'un qui fe répand en reproches amers, fans nous faire appercevoir nos torts. Il ignore non-feulement que fes reproches ont été faits & repouffés vingt-fois ; mais l'exiftence des écrits fur la vraie Médecine, lui eft auffi inconnue que celle des Médecins qui la profeffent. Si on lui parle, par exemple, de Vander-heyden, dont la Médecine étoit fimple, ou de Ramazzini, il croit qu'il eft queftion d'un banquier de la rue Royale, ou d'un joueur de violon du concert fpirituel. Il refte ftupéfait lorfqu'il apprend que le pere de la Médecine n'ordonnoit prefque point de remedes, & que les premiers effais de cet art ont été des obfervations notées au lit des malades abandonnés à la nature, pour favoir ce qu'elle peut faire.

Quel dommage! Il avoit cependant préparé de fort beaux diſcours ſur le pouvoir de la nature, à laquelle il vouloit, diſoit-il, ramener tous les Médecins. Il vouloit leur parler auſſi d'Hippocrate, qu'il citoit ſouvent, de leur devoir auprès des malades, de la maniere de faire des expériences en Médecine, & de celle dont ils doivent s'y prendre dans les maladies. Il eſt vrai, diſoit il, que je n'en ai jamais ſuivi aucune de ſérieuſe; mais je me figure à-peu-près comment les choſes ſe paſſent, & cela me ſuffit.

Vous voilà donc en train, Monſieur, de parler d'Hippocrate, comme ſi vous l'aviez lu, des maladies que vous n'avez jamais ſuivies, de la nature luttant avec elles, de la valeur des obſervations faites en Médecine, des expériences, des hautes Sciences, de la Phyſique, du Magnétiſme, de l'Électricité, des vérités découvertes par Locke, par Newton, & juſqu'à Bleton, qui ne s'attendoit pas certainement à ſe trouver en ſi bonne compagnie, & auquel vous croyez, dites-vous, fort & ferme (pag. 46), tout ſe trouve dans votre Livre.

Déja, dès la troisieme page, après avoir un peu parlé de vous (c'est l'usage), vous nous faites part des effets du Magnétisme observés en Province, & vous dites:

« Je puis l'attester; j'ai suivi en Province, un » traitement public par le Magnétisme, & sur » cinquante malades, cinqo u six éprouvoient » à peine quelques convulsions nullement fâ- » cheuses pour eux-mêmes, & moins encore » épidémiques pour les autres; mais les autres, » abjurant la Médecine avec mépris, éprou- » voient quelque soulagement, par ce que vous » appellez les illusions du Magnétisme, ou » par la puissance très-réelle de la bonne & » simpie nature ».

Il résulte, par conséquent selon vous, des effets du Magnétisme exercé dans votre Province, que le bien qu'on éprouve au bacquet, lorsqu'on est malade, ou non, est en raison directe du mépris qu'on a pour la Médecine. En effet, les sujets magnétisés dont vous parlez, n'ont été évidemment soulagés qu'autant qu'ils abjuroient cet art avec mépris. On en peut conclure que l'anti-Médecine est la Médecine la plus puis-

sante

ſante qu'on connoiſſe; je crois avoir ſur ce point, ſaiſi parfaitement votre idée. Il ne lui manque qu'une heureuſe application. En cas que vous ſoyez jamais malade ſérieuſement, je vous conſeille de vous faire entourer de bacquets, d'une paliſſade magnétique, & de défendre à tout être médical ou ſentant tant ſoit peu la Médecine, de vous aborder. Je ſuis perſuadé que l'idée ſeule de n'être point ſecouru par des Médecins, vous guérira. Si cette idée fut entrée fortement dans la tête de M. le Comte de Brégé, de Madame la Marquiſe de Fleury, de M. Court de Gébelin, à coup ſûr, ils ne feroient pas morts. Mais ils ne ſe défendirent que mollement contre les anciens préjugés. Je vous donne ce conſeil, ſur-tout, en cas de forte apoplexie, ou d'un trouſſe-galant : c'eſt-là où l'anti-Médecine brille ; elle produit des effets étonnans; vous pourrez en juger ; il n'y aura point d'agonie.

Pauvre Hippocrate! Vous vous êtes donc bien tourmenté en vain, pour nous donner l'hiſtoire exacte de vos malades qui ne purent guérir par les ſeuls efforts de la nature ; mais vous étiez préſent, & peut-être eſt-ce votre préſence qui a tout gâté ; car enfin, il falloit bien encore leur donner quelque boiſſon ; vous n'avez pas pu leur refuſer un verre d'eau, s'ils vous l'ont demandé, & ce verre d'eau peut leur avoir été funeſte.

Avouez qu'à force de tourner & de retourner ce Magnétiſme, il ſe réduit à bien peu de choſe ; car, ſi c'eût été un ſeul point de plus que zéro, c'en étoit fait de la Médecine, de la Commiſſion, des Commiſſaires, de la Faculté, de l'Académie, &c. Avec votre talent, quel parti n'auriez-vous pas tiré de ce point ! Vous êtes forcé de convenir que le Magnétiſme n'eſt rien, eſt une chimère ; mais vous dites : *cette chimere eſt innocente* ; que c'eſt une erreur, *mais cette erreur*, ajoutez-vous, *eſt utile ;* que c'eſt une illuſion ; mais cette illuſion, vous la trouverez *douce*, *chere*, *heureuſe*, *précieuſe*. En vérité ! Plus je lis, plus j'admire votre art. Je ſuis preſque tenté de croire même qu'il y a quelque choſe d'extraordinaire chez Bléton, & chez Meſmer, puiſqu'ils ont excité votre admiration, votre ſenſibilité & votre enthouſiaſme.

Avec quel intérêt tendre, par exemple, ne parlez-vous point de leurs Magnétiſmes, du Magnétiſme animal, & du Magnétiſme hydroſcopique! Votre cœur attendri s'émeut à la vue des épreuves qu'on va leur faire ſubir. Vous tremblez déja qu'ils ne ſoient en défaut; vous dites en parlant de ce pauvre Bléton: « Voici » comment on lui prouve qu'il ſe trompe, ou » qu'il veut tromper. On conduit cet homme » dans une grande baſilique; & là, devant une » nombreuſe aſſemblée, on lui bande les yeux » & on lui dit: *vas eſſayer ton organiſation.* Je » vous laiſſe à penſer, Meſſieurs, quel devoit » être l'état de ce *pauvre* étranger; l'aſſemblée, » le lieu, la religion, le reſpect, la terreur » ſecrete que ces idées inſpirent, le retentiſſe- » ment des voûtes *, le ſilence profond ſuccé- » dant au murmure & le murmure au ſilence... » Que fait tout cela, dira-t-on? Tout cela pou- » voit ſuffire, ſi je puis dire ainſi, à *déſorganiſer* » Bléton (pag. 46).

* Notez que la principale expérience fut faite dans le jardin de Sainte Genevieve.

Mais vos allarmes, au ſujet de ce *cher* Magnétiſme animal, ſont d'un intérêt bien autrement tendre. Votre cœur palpite & frémit à la vue de cet appareil, de cette expérience terrible faite à Paſſy, ſur le jeune homme à qui on bande les yeux. Je crois vous entendre dire: Dieux immortels! jettez un regard favorable ſur cette expérience; faites en ſorte qu'elle ſoit toute en faveur du Magnétiſme animal. Quelle épreuve, grands Dieux! Enfin, elle eſt faite; voici de quelle manière vous la rendez.

« Vous voulez éprouver, dites-vous, l'ac-
» tion du Magnétiſme communiqué à un arbre;
» & pour cela, Meſſieurs, que faites-vous?
» Vous aſſemblez la Ville & la Cour. Aux yeux
» de cette multitude formidable de regards *
» concentrés ſur lui ſeul, vous bandez les yeux
» à ce jeune homme, & après cet appareil qui
» doit agiter ſon imagination, troubler le cours
» des eſprits, & *déconcerter* le jeu de l'écono-
» mie animale, qui n'eſt plus tel que lorſ-

* Notez qu'il y avoit douze perſonnes.

» qu'elle s'exerce dans le calme & la sécurité;
» vous offrez en cet état ce jeune homme au
» Magnétisme. Ce PAUVRE Magnétisme manque
» son effet; & vous chantez victoire. Hélas
» Messieurs... vous croyez avoir éprouvé le
» Magnétisme, & vous n'avez fait que le *dé-
» router* ».

Il est certain que toutes ces catastrophes, vraiment fâcheuses pour le genre humain, n'ont eu d'autre source que ce malheureux bandeau mis sur les yeux, qui *désorganise* les uns, *déconcerte* les autres, *déroute* même jusqu'au Magnétisme animal, quoique soumis à des loix invariables, qui paroissoient indépendantes de tous les bandeaux. Aussi, vous êtes-vous bien vengé sur ceux qui ont décrit, avec tant de complaisance, celui de ce jeune homme, en prouvant qu'ils en ont un bien plus épais sur leurs yeux. Voilà comme on les traite tous ces faiseurs de si plaisantes expériences. D'ailleurs, c'est grossier. Il y a une sorte d'inhumanité & de barbarie à démasquer publiquement un fripon, un pauvre diable qui ne fait pas grand mal. A la bonne heure, quand cela gagne les Grands, les gens instruits, qu'on prend beaucoup d'argent; mais on sait bien que Bléton, par exemple, n'étoit pas cher, & que tous ces tours de gibeciere ne passent pas ordinairement la canaille, à laquelle il faut une pâture convenable à son ignorance crasse. Si quelques grands Seigneurs, pour passer le tems, ont été voir ces tours de passe-passe, personne n'ignore que c'étoit pour s'amuser quelques momens. Mais il est vraisemblable qu'aucun d'eux n'y a cru, & que vous-même vous n'y croyez pas intérieurement. Cependant, allons toujours comme si vous y croyez.

C'est dans le paragraphe des doutes, qui a pour titre : *Doutes sur ce que vous n'avez point voulu faire* (pag. 12), que vous tirez un si grand avantage de la négligence où les Commissaires paroissent avoir été, de ne s'être pas tous rassemblés, (eussent-ils été cent), pour suivre un traitement public; donnant pour preuve de leur négligence, votre propre expérience sur l'intensité des effets du Magnétisme exercé en grand; intensité, dites-vous,

toujours relative au nombre des malades & dont l'énergie ne ſe déploie avec une grande activité, que dans cette circonſtance. Vous ajoutez qu'un curieux d'hiſtoire naturelle peut voir tous les objets de la nature, tandis que toute ſa vue ſe réunit ſur un inſecte. Pour ſe juſtifier, les Commiſſaires ont donné leurs raiſons, entr'autres, celle ci : « *qu'on voit alors trop de cho-*
» *ſes à la fois, pour bien en voir une en particu-*
» *lier* ». Cette raiſon principale a paru bonne, en général ; vous la trouvez mauvaiſe ; & celles que vous donnez pour la combattre ſont ſi ſéduiſantes, qu'elles m'ont frappé. Cependant, l'exemple que vous alléguez de la poſſibilité, de la facilité, de l'habitude même qu'ont les Médecins de pouvoir ſuivre un grand nombre de malades, comme dans les hôpitaux, ne m'a pas ſéduit, quoique ſpécieux. Il ſemble qu'un abus, un inconvénient, reconnu pour tel & toujours forcé par les circonſtances, ne devoit pas être cité comme un moyen de preuve ou d'exemple. Malgré cela, j'allois conclure en votre faveur, lorſque le hazard m'a fait faire une découverte qui m'a détrompé.

En parcourant l'ouvrage qui a pour titre : *Doutes d'un Provincial proposés à Messieurs les Médecins-Commissaires, chargés par le Roi de l'examen du Magnétisme-animal*, j'y ai lu un ou deux passages, où les inconvéniens de ces sortes d'observations, faites à la vue d'une trop grande multitude de personnes, sont très-bien détaillés.

L'auteur y dit, pag. 41 & 42, que lorsqu'il « s'agit d'observer un phénomene dans l'écono» mie animale, il seroit souverainement dé» raisonnable de la troubler, dans un tel cas, » au point de déconcerter ses opérations » ordinaires ; & il cite, à cette occasion, le » cas de ce jeune homme à qui on banda les » yeux, au milieu d'une multitude formidable » de regards concentrés sur lui ; ce qui dut » nécessairement porter le trouble dans le » cours des esprits, déconcerter le jeu de » l'économie animale, &c ; & pag. 48, que » dans toutes les expériences qui prennent » l'homme pour sujet, il faudroit choisir, » pour les bien faire, les momens du calme » le plus profond ; qu'il faudroit même ap-

» pliquer toute ſon induſtrie à faire naître ce « calme, &c. »

J'ai ſenti, avec l'Auteur, combien il eſt important, en effet, dans ces ſortes d'occaſions; que ceux qui obſervent & les ſujets à obſerver, ſoient, les uns & les autres, dans cet état de calme & de ſécurité, qui permet & facilite une obſervation rigoureuſe. J'avoue que, ſans ces paſſages, j'aurois été fort embarraſſé pour répondre à votre objection, qui m'avoit paru très-forte. Heureuſement cet ouvrage, dont vous ne pouvez pas récuſer le témoignage, eſt un livre à reſſources, comme vous voyez. Je reviens au vôtre.

On y trouve un reproche un peu plus grave, fait aux Médecins; on y lit pag. 13:

« Et vous, Meſſieurs, en qualité de Médecins, que ne deviez-vous pas redouter? L'impériſſable mémoire de ce Public, qui punit tout, ſeulementen n'oubliant rien, lui rappelle que vous l'avez trompé ſur l'émétique, ſur le quinquina, ſur la circulation du ſang, ſur l'inoculation, ſur la ſanté, ſur la vie; enfin, ſur toutes choſes ».

Rappellez-vous que, d'abord, tous les Médecins étoient coupables à vos yeux, pour ne vous avoir pas trompé, pour ne vous avoir pas fait chérir l'erreur, l'illusion, les mensonges, les chimères, que vous préfériez, disiez-vous, à leurs funestes réalités. Ici, ils le sont, pour vous avoir trompé ; & vous les livrez à l'indignation du Public, en lui indiquant même les objets sur lesquels il a été induit en erreur.

Je ne vous cache pas que, singulierement prévenu pour votre ouvrage, je n'aurois jamais cru y trouver tant de contradictions. Mais accordez-vous donc une fois. Si les Médecins sont coupables, quand ils ne savent pas vous tromper, ils ne le sont donc pas, lorsqu'ils vous trompent. De quelque manière qu'ils fassent, il paroît qu'ils sont toujours fort à plaindre. Leur position me rappelle la fable du Meûnier & de ses enfans, qui alloient vendre leur âne à la foire. S'ils le laissoient aller seul, on y trouvoit à redire ; s'ils le portoient, c'étoit encore pis ; s'ils le montoient, on le trouvoit encore mauvais. On sait enfin le parti qu'ils prirent. Les Médecins pourroient en faire de même aujourd'hui.

Que leur conſeillez-vous ? Faut-il qu'ils montent leur baudet ? Faut-il qu'ils le portent, ou qu'ils le fouettent & le laiſſent aller ? Choiſiſſez ; on prendra le parti qui vous conviendra le mieux.

Avant de répondre ſérieuſement aux reproches que vous nous faites ; on peut vous demander, d'abord, ce qu'a de commun la circulation du ſang avec un remède ou un moyen de ſoulager l'humanité, & qui eſt ce qui a fait un crime à Harvey d'avoir démontré cette circulation ? Une découverte, pour ainſi dire, indifférente & qui n'a preſque aucun rapport avec les moyens de guérir, peut être conteſtée, ſans doute, ſans qu'il en réſulte ni bien ni mal pour l'humanité. Il eſt même néceſſaire qu'elle le ſoit, pour que, du choc des opinions, réſulte la lumière, la démonſtration de la vérité. La diſpute qui s'éleva, à ce ſujet, entre Riolan & Harvey, fut-elle ſcandaleuſe pour le Public ? Riolan & Harvey, deux Anatomiſtes célèbres, l'un en France, l'autre en Angleterre, ne ceſsèrent point de s'eſtimer, & conſervèrent la conſidération, les places, les dignités que leurs talens leur avoient acquises. Celle qui s'éleva ensuite entre Ruisch & Malpighi, sur quelques points d'Anatomie, fut-elle plus scandaleuse ? Il en résulta que tous ces points furent éclaircis, mieux connus, & que l'art y gagna. La discussion est donc permise. Mais Servet ne fut pas brûlé pour avoir indiqué le premier la circulation du sang dans les poumons. Cette circulation étoit fort indifférentes aux intérêts de Calvin. Les Médecins n'ont donc jamais trompé le Public sur la circulation des humeurs. Quel intérêt pourroient-ils avoir ? Ils se tromperoient eux-mêmes les premiers ; & s'il leur reste encore sur le mouvement du sang, dans certaines parties, des choses problématiques ; que peuvent avoir de commun leurs doutes avec la santé publique ? Y a-t-il quelque Arrêt qui condamne comme hérétiques, ou qui voue à la haine des Médecins, ceux qui croient, ou ne croient pas à la circulation du sang ? Vous voyez donc bien qu'une opinion quelconque sur ce point, est très-permise, sans que le Public en souffre.

Les autres objets, avec lesquels celui-ci se

trouve lié, dans votre livre, préſentent un intérêt d'une toute autre conſidération. Il s'agiſſoit de ſavoir ſi l'émétique , le quinquina, l'inoculation étoient utiles ou nuiſibles à l'humanité ; & à cet égard, un reproche peut être grave ; reſte à ſavoir s'il eſt fondé ?

Vous parlez de l'émétique, du quinquina, de l'inoculation ! S'il vous étoit poſſible de vous former une idée, même confuſe, des maladies ; de toutes les connoiſſances que la Médecine exige pour être exercée comme il convient ; de la prudence que cet art ſi délicat demande, pour l'adminiſtration des ſecours dans les maladies, ſur-tout de ceux qui ont quelqu'activité ; du danger de certaines épreuves & de l'incertitude du ſuccès ; de l'importance de la profeſſion ; de la ſollicitude que chaque Médecin éprouve ; de l'intérêt qu'il a de guérir ſon malade & de la ſatisfaction qu'il reſſent lorſqu'il en vient à bout ; des inconvéniens de certaines drogues, qu'on a eſſayé vingt-fois de reproduire en Médecine, & dont on a été toujours forcé de proſcrire l'uſage ; de l'audace d'un Charlatan qui ſacrifie tout à ſa cupidité ;

vous frémiriez; ce vaſte champ de la Médecine vous paroîtroit un marais inconnu, où vous n'oſeriez faire un pas, de peur de vous y enfoncer; vous ſentiriez la néceſſité où l'on eſt qu'il y ait des hommes honnêtes, humains, éclairés, difficiles même, qui ayent le courage de démaſquer l'impoſture, de s'oppoſer aux innovations, & de faire appercevoir les épées que la charlatanerie ne ceſſe de ſuſpendre ſur vos têtes.

Vous parlez de l'émétique; & ſans-doute, de celui dont les Médecins ont fait proſcrire l'uſage. Mais ſavez-vous de quel corps, de quelle ſubſtance vous parlez ? Eſt-ce du *verre d'antimoine*, du *ſafran des métaux*, ou du *tartre émétique ?* En ſuppoſant que ce ſoit ce dernier; que diriez-vous, ſi vous appreniez qu'il y a en Médecine, trente moyens d'exciter le vomiſſement ſans inconvénient; que l'efficacité de ces moyens a été conſtatée, reconnue par l'expérience; que l'émétique nouveau exigeoit dans l'origine, ſuivant ſes diverſes préparations, tantôt deux, tantôt trois, tantôt quatre, cinq & même ſix grains, pour faire vomir ; que ſon effet a été quelquefois ſi violent, qu'il en a réſulté des convulſions, des crachemens de ſang, des douleurs d'eſtomac, dont on s'eſt reſſenti le reſte de la vie ; que les métaux peuvent porter une impreſſion funeſte au corps ; qu'ils ne peuvent ſubir que très-difficilement l'action de nos ſucs pour être domptés ; alors, vous auriez dit comme les autres : A quoi ſert de ſe preſſer d'introduire en Médecine, un trente & unieme vomitif, qui expoſe à tant de riſques, puiſque nous en avons trente qui ſont innocens ? C'eſt tout ce qu'on pourroit faire, s'il n'y avoit aucun moyen de faire vomir. Cet émétique, dont vous parlez, pourroit donc être proſcrit, même aujourd'hui, qu'on ne ſe reſſentiroit pas de ſa privation. Ainſi, cette découverte ſe réduit à fournir un vomitif de plus en Médecine ; & ſi les Médecins ont été d'abord très-circonſpects ſur ſon uſage ; s'ils ont mis même de la rigueur & des entraves à la cupidité & à l'enthouſiaſme, toujours aveugles, qui le prenoient ; s'ils ont attendu que ſa préparation fût perfectionnée, comme elle l'eſt aujourd'hui, pour l'adopter; ils ont ſans doute bien fait, & à cet égard, leur prudence ne mérite que des éloges.

On n'auroit donc, juſqu'ici, aucun reproche à leur faire, quand même ils auroient fait proſcrire, dans l'origine, le tartre-émétique. Mais que diriez-vous, ſi l'on vous prouvoit que l'émétique dont ils ont fait proſcrire l'uſage, eſt réellement encore proſcrit, ſinon de droit, du moins de fait, puiſque perſonne ne s'en ſert. Demandez ce que c'eſt que le *mochlique* (vous n'êtes pas obligé de le ſavoir), & l'on vous dira que c'eſt une eſpèce de verre pilé, avec du ſucre. Vous voyez donc bien que les Médecins n'ont pas eu tant de tort de faire proſcrire l'uſage d'une ſubſtance capable de déchirer vos entrailles. Si, ſans beſoin d'une pluie pour vos moiſſons, on vous en offroit une bienfaiſante; vous diriez, je l'accepte; je pourrai m'en ſervir dans l'occaſion; abondance de biens ne nuit jamais; mais ſi, en place de cette pluie, on vous offroit une grêle; l'accepteriez-vous? Eh! bien, l'émétique, dans l'origine l'origine, étoit cette grêle. Que falloit-il faire?

Quant au safran des métaux, donné longtems & même encore aujourd'hui dans quelques provinces, pour le véritable émétique; il seroit à desirer que son usage fût proscrit de même, à cause du mal qu'il produit quelquefois à certaine dose, laquelle est toujours relative, comme vous savez, à ses diverses préparations. Vous sentez à merveille, que pour pouvoir compter sur des observations en Médecine, sur les effets d'un remede composé, tel que celuici, il faut qu'on s'accorde sur sa préparation, qu'elle soit uniforme, la même par-tout. Celle de l'émétique ne l'est pas encore généralement en France. Il y en a de blanc, il y en a de jaune, il y en a couleur de safran. L'un exige deux grains, l'autre quatre, l'autre six pour faire vomir. Voilà ce qu'on appelle un véritable abus à réprimer, en province; un beau sujet de réquisitoire pour un Avocat-Général. Si vous connoissez quelqu'un de ces Messieurs, & que vous soyez aussi humain que je le présume, faites ensorte que la province vous soit redevable de ce ſervice ; il n'y en a peut-être pas de plus important à lui rendre. N'oubliez pas que, pour cet effet, il eſt néceſſaire de faire proſcrire, aujourd'hui, l'émétique dont on fait uſage chez vous ; que peut-être votre maladie ne vient que de ce que vous l'avez pris, & que pour ôter au Public un poignard dont il ſe ſert tous les jours, lorſque les repréſentations & les vœux des Médecins ſont ſuperflus, il eſt très-néceſſaire alors de trouver quelque habile Avocat, aſſez généreux pour prendre ſa défenſe. S'il s'en trouve quelqu'un prêt à plaider ſa cauſe, c'eſt au nom de l'humanité, qu'on lui demande aujourd'hui la proſcription de ce remède. Cette occaſion fournira celle de connoître quels ſont les hommes qui aiment ſincèrement la vérité & le bien public. Vous voyez que nous penſons bien différemment ſur l'emploi de l'émétique & qu'il y a encore bien des choſes à dire & à réformer ſur ſon uſage.

Vous parlez auſſi du quinquina ; & vous prétendez que les Médecins ont trompé le Public ſur ce remede & ſur ſes effets. Mais que prétendez-vous leur reprocher ? Eſt-ce d'avoir adopté ou rejetté ſon uſage ? Dans le premier cas, faites le procès aux premiers Praticiens de l'Europe, qui l'ont célébré dans ſon origine, à Morton, à Sydenham, à Helvetius & autres ; dans le ſecond, c'eſt-à-dire, dans le cas de proſcription, vous ne trouverez perſonne ; aucun Médecin n'a proſcrit l'uſage du quinquina ; mais vous en trouverez beaucoup qui en ont fait connoître l'abus & les inconvéniens, dans pluſieurs maladies ; & alors, vous pouvez accuſer Ettmuller, Rivinus, Malpighi, Baglivi, les Médecins de Breſlau, Ramazzini & autres : ils ſont tous coupables d'avoir marqué les cas où ce remede nuit, & ceux où il eſt utile. C'eſt à Morton, c'eſt à Sydenham, c'eſt à Helvetius, c'eſt aux écrits de ces Médecins faits pour convaincre, qu'eſt dû le fréquent uſage du quinquina, en Europe. C'eſt à Ettmuller, c'eſt à Ramazzini qu'on doit la connoiſſance des dangers de ſon abus. Il n'y a ni condamnation, ni proſcription ſur ſon uſage ; tout le monde s'en ſert. Y a-t-il d'exemple qu'on faſſe des vœux pour qu'un arbre produiſe des fruits, lorſqu'il en eſt tout couvert ? Il eſt donc démontré que le reproche que vous faites aux Médecins, ſur l'uſage du quinquina, eſt auſſi peu fondé que celui que vous leur faiſiez ſur l'émétique.

Tous ces Auteurs que je viens de vous nommer, vous ſont ſans doute peu connus, & cependant, vous les avez tous jugés comme ſi vous les connoiſſiez. La cauſe du quinquina vous paroît auſſi décidée que ſi vous aviez été nourri dans nos écoles. Eh bien! elle ne l'eſt pas encore pour tous les Médecins.

Vous qui ſavez tout, Monſieur, qui tranchez ſur tout, vous parlez encore de celle de l'inoculation; & vous prétendez que les Médecins l'ont jugée & ſe ſont élevés contre. Eh bien, vous vous trompez encore. Les ſentimens ont été partagés. Cela vous étonne; vous croyez donc qu'il eſt bien aiſé de décider la queſtion de ſavoir s'il eſt utile ou nuiſible pour l'humanité, de répandre une peſte par-tout, d'entretenir une contagion éternelle dans un pays? Mais vous êtes, à ce qu'il paroît, plus malin que les Médecins; vous voudriez bien qu'ils l'euſſent adoptée cette inoculation ! Quel plaiſir pour vous ; ſi, pour charger votre tableau, après les avoir peints avec leurs poignards & leurs poiſons, vous euſſiez pu les repréſenter encore trafiquant des maladies, attaquant l'humanité entiere, les poignards & les poiſons dirigés contre les malades, & des maladies dirigées contre ceux qui ſe portent bien ! C'eſt alors que vous auriez dit : allumons les fagots ; dreſſons vîte les bûchers ! Quoi ! ils ne ſe contentent pas de nous poignarder, de nous empoiſonner avec leurs drogues, quand nous ſommes malades ; ils viennent encore, armés de maladies, nous attaquer lorſque nous nous portons bien ! c'eſt une race à exterminer.

Vous voyez donc bien, Monſieur, qu'il y a encore bien des choſes problématiques, ſurtout pour celui qui voit & juge de ſang froid. Vous qui n'êtes pas dans ce cas ; vous pour qui les queſtions les plus difficiles, les plus épineuſes ſont réſolues, vous avez de la peine à comprendre comment les Médecins ont pu ne pas trancher toutes ces difficultés, ſur le champ ; & vous concluez qu'ils ont trompé le Public ſur ſa ſanté, ſur ſa vie, ſur toutes choſes. En ſuppoſant qu'ils ſe ſoient trompés une fois, je vous ſerai obligé de vouloir bien nous le dire & de nous le prouver ; &, quand vous l'aurez fait, de nous dire en même-tems, qui eſt-ce qui ne ſe trompe pas, & combien vous reconnoiſſez, ſur la terre, de tribunaux infaillibles ?

Croyez-vous de bonne foi, qu'un Négociant habile, qui auroit à opter entre deux objets d'induſtrie ou de commerce permis, dont l'un, en même-tems qu'il ſeroit très-avantageux au Public, lui aſſureroit ſon crédit, ſa fortune, de la conſidération ; & l'autre lui feroit courir des riſques, l'expoſeroit à toutes ſortes de diſgraces ; croyez-vous qu'il préféreroit celui-ci au premier, pour avoir le plaiſir de tromper le Public, de faire piece à tout le monde, à lui-même ? Il faut que vous connoiſſiez bien peu les hommes & leurs intérêts. Ne ſavez-vous pas que les ſecours les plus efficaces ſont la véritable marchandiſe du Médecin, que perſonne n'eſt plus intéreſſé qu'eux à la connoître & à la fournir. Mais on voit bien que votre intention n'a pas été de prouver qu'ils ſe ſont trompés ou qu'ils ont trompé le Public, vous avez voulu eſſayer de leur faire du mal : en voici la preuve.

Dans l'énumération que vous avez faite, avec tant de juſteſſe, de diſcernement & de juſtice, de tous ces chefs d'accuſation contre eux, on a remarqué que vous avez oublié, à deſſein, de faire mention de ce qu'ils ont réellement proſcrit ou fait proſcrire. Pourquoi n'avoir pas parlé, par exemple, de la transfuſion du ſang, de l'uſage des vaiſſeaux, des uſtenſiles de plomb, de celui des vins lithargirés, des fards pernicieux, d'un millier de compoſitions ſuſpectes, de la méthode de préſerver des hernies par la caſtration, de la vente des plantes vénéneuſes, qu'on expoſoit dans les marchés publics, objets ſur leſquels ils ont éclairé le Public, les Magiſtrats, & qu'ils ont fait proſcrire. Pourquoi ſe taire ſur tous ces objets, ſur les avis donnés aux Magiſtrats, dans une infinité d'occaſions, ſur des objets d'inſalubrité publique, ſur les précautions à prendre pour arrêter les fléaux contagieux, &c. &c. Il paroît qu'il n'entroit pas dans votre plan d'en faire aucune mention ; & c'étoit une suite nécessaire de votre impartialité.

Je passe rapidement sur ce que vous dites des commissions. Vous prétendez que les événemens ont si fortement lié les idées de commission & d'injustice, que ce mot seul est devenu pour le Public un cri d'allarme & d'injustice. Si vous connoissez des commissions injustes, il faut que vous sachiez qu'il y en a de justes, ou du moins, dont les jugemens sont approuvés. Il n'y a pas d'année où l'on ne propose trente moyens, que l'on donne pour nouveaux ou pour efficaces en Médecine, & dont l'examen & l'expérience démontrent l'insuffisance & très-souvent le danger. Ces sortes de commissions, dont vous ignorez l'avantage, sont pour le Public une sauve-garde assurée contre les surprises, les tentatives de la charlatanerie.

Heureusement ce Public, que vous ameutez avec tant de charité contre nous, ne voit pas ces poisons, dont on essaie de tems en tems de renouveller l'ufage, & qui fe trouvent profcrits auffi-tôt qu'ils fe montrent. Mais foyez certain que lorfqu'une chofe eft falubre & bonne, on n'a befoin ni de preftiges, ni de rufes, ni de commiffion. Ce Public dont vous parlez, qui voit tout, qui juge tout, a bientôt apprécié l'avantage de la découverte. Celui qui inventa la bride du cheval, n'eut pas befoin d'une commiffion, pour favoir fi elle étoit utile. Il en eft de même de toutes les découvertes; & en général, tout ce qui exige une commiffion, fuppofe de part ou d'autre, ou vice, ou doute, ou incertitude, ou preftige. On n'a pas befoin d'allumer des flambeaux pour favoir fi le foleil éclaire.

J'en conclus que fi le Magnétifme eut été quelque chofe, & quelque chofe de bon, il n'avoit pas befoin de commiffion. Je ne dirai point comme un grand-homme, qui, parlant des commiffaires, du nombre defquels on vouloit le mettre, & de ceux qu'ils alloient infpecter, dit: *les uns font des fous, les autres des fourbes.* Cela eft trop beau, trop grand pour notre tems, tems où il n'eft queftion que de colifichets, d'hommes à migraines, à grimaces, à vapeurs, à cerfs-volans : c'eſt hors de notre ſphère ; c'eſt Alexandre qui coupe le nœud gordien.

Je ne ſais ſi vous vous appercevez, Monſieur, de la décadence de l'eſprit humain, du beſoin qu'on a aujourd'hui de pantins, de ramponeaux, de marionettes ; de l'enthouſiaſme que ces objets excitent, & du froid de glace, au contraire, qu'inſpire tout ce qui eſt véritablement beau, ſouverainement vrai, véritablement utile. Je ne ſais ſi vous faites attention que tout ce qui eſt bien en général, donne un certain dégoût, de la ſatiété ; que les mœurs, les opinions, tout change, tout dégénère ; qu'un chef-d'œuvre digne de Racine ou de Voltaire, ne feroit peut-être aucune fortune aujourd'hui ; mais qu'on s'enthouſiaſme avec fureur, pour tout ce qui porte l'empreinte du ridicule, de l'extravagance & du menſonge.

Vous, par exemple, Monſieur, qui tenez un peu de ce bord, au lieu d'employer vos talens à faire des livres contre les Médecins, à ſoutenir, à nourrir l'imbécille crédulité ; ſi vous êtes Magiſtrat, que ne vous occupiez-vous d'un ſoin plus important, de celui de venger la veuve & l'orphelin qu'on opprime! Si vous êtes militaire, de celui de défendre la patrie; ſi vous êtes Juriſconſulte, de celui de défendre nos droits. Vous y auriez mis peut-être de la chaleur, & nous y aurions gagné. Si vous n'êtes qu'un vaporeux, iſolé, il falloit vous méfier de vous, de vos nerfs, de votre loiſir, de vos mauvaiſes digeſtions; vous pouvez nous en croire: nous connoiſſons les hommes & leurs maladies.

Vous eſſayez, pluſieurs fois, de mettre en parallèle le Magnétiſme avec la Médecine. Mais vous n'avez pas fait attention que, tandis qu'il y a dix ou douze vaporeux ou vaporeuſes, qui font des parades chez Meſmer, ou chez Deſlon, beaucoup de tintamarre chez eux, & des livres contre la Médecine, il y a en Europe, ſept à huit cent mille hommes de l'art occupés, les uns, à ſecourir un apoplectique; d'autres, à remettre un membre déplacé; d'autres à ſoulager des douleurs de néphrétique; d'autres, à délivrer un malheureux de la pierre; d'autres, à ſonder la profondeur d'une plaie ; d'autres, à faire l'opération de l'anévriſme ou d'un polype ; d'autres, occupés à arrêter les progrès d'une hémorrhagie, d'une gangrène, d'une contagion, d'une fièvre maligne ; d'autres démontrant l'Anatomie, la Botanique, la Minéralogie, toutes les ſciences utiles ; d'autres rédigeant leurs obſervations faites au lit des malades ; d'autres, leur prêtant leurs ſecours, conſolant des infortunés dans des greniers, dans les hôpitaux ; enfin, d'autres détruiſant le ver ſolitaire, remédiant aux convulſions, ou perfectionnant quelque méthode, quelqu'opération ; & ſur tous ces individus, ſi eſſentiellement & ſi utilement occupés, à peine un ou deux liſant votre brochure.

De quoi vous êtes-vous flatté, Monſieur ? Eſt-ce de dégoûter le Public de la Médecine ? Mais, s'il vous prend demain, au bacquet, une colique néphrétique qui vous faſſe jetter les hauts cris, vous enverrez vîte chercher un Médecin qui ſache y remédier. Je ne répondrois pas que, lorſque vous ſerez guéri, vous ne retourniez vîte au bacquet, dire du mal des Médecins, de votre bienfaiteur même. C'eſt l'uſage.

C'eſt ſur-tout dans votre paragraphe, avec titre : *Doutes ſur ce que vous n'avez pas voulu juger du Magnétiſme par ſes cures*, pages 21 & ſuivantes, que vous reprochez amplement aux Médecins de méconnoître la nature, d'ignorer ce qu'elle peut faire, de n'avoir ni confiance en elle, ni des expériences de comparaiſon ſuffiſantes entre la Médecine naturelle & la Médecine artificielle. Quel dommage que vous ſoyez toujours ſi étranger à tout ce qui eſt fait & connu!

Vous ſavez ou vous ne ſavez pas qu'il n'y a pas d'axiôme plus connu, plus reçu, plus cité en Médecine, que celui qu'a laiſſé Hippocrate : *Natura morborum medicatrix* ; la nature guérit les maladies. Le Médecin n'eſt que ſon miniſtre, ſon aide, ſon interprête. Perſonne n'eſt plus perſuadé de cette vérité que les Médecins ; mais en même-tems qu'ils la connoiſſent, ils ſavent la réduire à ſa juſte valeur. Vous ſentez qu'il faudroit vous faire un cours complet de Médecine, pour vous expliquer tous les cas où il faut agir, se reposer, attendre, favoriser les crises, modérer les efforts trop violens de cette nature, ou lui donner des forces lorsqu'elle en manque & va succomber. Il est bien certain que vous n'êtes pas obligé de savoir ces choses-là ; aussi personne ne se seroit douté que vous écririez sur la Médecine. Il est malheureux que, dans votre Brochure, on trouve légéreté, esprit, style, agrément, enfin que tout y soit, excepté la vérité.

Certainement, s'il y a un reproche à faire aux Médecins Hippocratiques, c'est d'avoir eu trop de confiance, en général, en la nature. C'est ce qui nous a été reproché vingt fois & peut-être avec fondement. Voilà pourquoi Erasistrate appelloit les observations d'Hippocrate, une méditation perpétuelle sur la mort. Nous n'avons été forcés de devenir agissants, que lorsqu'une expérience longue & suivie, nous a convaincus que la nature étoit impuissante. On vous citeroit deux cent circonstances où elle est parfaitement nulle ; autant où elle est foible & a besoin de ecours nt où ses efforts trop impétueux, trop violens, tendent à tout rompre, ont besoin d'être réprimés, & très-peu où elle se suffise à elle-même, c'est-à-dire, où la guérison soit complette par ses seuls efforts. Les cas où le Médecin agit de concert avec elle, sont les plus fréquens; & c'est ainsi que ces deux puissances se prêtent mutuellement leur secours.

Vous demandez des expériences comparatives, faites en grand, entre l'art & la nature, dans les maladies graves. Hélas ! ces sortes d'expériences n'ont été que trop faites, malheureusement pour l'homme. Dès le berceau de la Médecine, on vit, dans la peste qui ravagea l'Attique du tems de Thucydide, que la nature aux prises avec cette maladie, en guérissoit autant que l'art, c'est-à-dire, que ni l'un ni l'autre n'étoient heureux, & que le plus grand nombre y succomboit. Dans celle qui rendit la terre presque déserte, qui fit périr les deux tiers de l'humanité, dans le quatorzieme siécle, & dont Gui de Chauliac & Vinario furent témoins, on vit que presque tous les malades abandonnés à la nature, mouroient ; par l'effet de l'art, dans le dix-septieme siécle, on parvint à sauver un tiers des malades dans la même maladie. La suète Angloise, à la fin du quinziéme & au commencement du seiziéme siécles, fit périr en Angleterre & en Allemagne, environ cinq à six cent mille malades abandonnés à la nature. Lorsque l'art eut découvert une méthode, on en sauva les trois quarts. Abandonnez à la nature un homme attaqué de la colique des Peintres ; vous verrez ce qu'il deviendra ; ce pauvre malheureux, après avoir souffert des douleurs indicibles & langui, un tems infini, devient enfin impotent & perclus de ses membres. Livrez-le à l'art, le lendemain ou le surlendemain, déja à ses fonctions ordinaires, il est étonné qu'on lui demande s'il a été malade. Le mal de gorge gangréneux, la fievre pourpreuse, la fievre miliaire, la petite vérole, dans leur origine, sur cinquante malades, en emportoient quarante : aujourd'hui, sur le même nombre, on en sauve près des neuf dixiemes. Dans cette fievre particuliere des femmes en couche, & que nous appellons *puerpérale*, observée surtout

tout dans les Hôpitaux, une expérience d'environ trente ans a prouvé que la nature n'avoit pas pu guérir une ſeule malade. Par l'effet d'une méthode que l'art a découvert & perfectionné, on les guérit preſque toutes. Jamais la nature ſeule n'a pu guérir un malade attaqué de lèpre, de mal vénérien, d'écrouelles, d'hydropiſie. On ſait que l'art remédie à la plupart de ces maux, & d'une maniere certaine. Je paſſe ſous ſilence une infinité d'autres exemples, qu'on pourroit alléguer pour des maladies beaucoup moins graves.

En voilà aſſez, pour vous donner une idée de ces expériences de comparaiſon faites en grand, que vous demandez. Il ne ſurvient jamais une épidémie, où l'occaſion de les faire ne ſe préſente, & où elles ne ſoient faites. Elles out été faites également dans la fievre ardente dans la phrénéſie, dans la pleuréſie, dans la péripneumonie, dans les fievres malignes. Commencez par lire Hippocrate, Septalius, Potel, Freind, De Haen, Doëkers, &c. & vous verrez enſuite ſi vous avez des queſtions à propoſer aux Médecins, des expériences à tenter, des réformes à faire en Médecine.

Que penſez-vous, Monſieur, de cet homme qui commençoit ſon diſcours, en diſant : je vais, Meſſieurs, vous faire la deſcription du Chili. Je médite une grande réforme dans ce pays. Quelqu'un qui y avoit voyagé, & qui étoit préſent, l'interrompant, lui demande : y *avez-vous été ?* Non, répond-il ; mais je parle de tout.... je parle bien ; & j'ai des idées. Je ne vous cache pas que bien des perſonnes, dès la premiere page, ont jugé votre livre, & l'ont fermé.

Vous reprochez encore aux Commiſſaires d'avoir exigé que les effets du Magnétiſme fuſſent prompts & ſenſibles, & vous les faites raiſonner à votre maniere. De raiſonnement en raiſonnement, vous arrivez à cette chûte, qui eſt, que le bacquet eſt *une cauſe*, & le ſoulagement que vous avez éprouvé, *un effet.* (voyez pag. 37). Vous ſoutenez de plus, que, pour conclure, par exemple, que le bacquet ſoit une cauſe, il n'eſt pas néceſſaire que ſes effets ſoient d'abord ſenſibles & palpables, pourvu qu'il arrive des changemens au bout d'un tems; & vous citez un exemple de changement d'état d'un malade, au bout de trois ſemaines. Mais ſuppoſez, Monſieur, telle maladie qu'il vous plaira imaginer, telle ſanté que vous voudrez choiſir; placez le ſujet vis-à-vis d'un bacquet, ou d'un cuvier, ou d'un pot de chambre, pendant trois ſemaines. Dites-lui, ou ne lui dites pas que ce corps eſt magnétiſé; ſi, au bout de ce tems, il n'a pas éprouvé un effet quelconque, un changement dans ſon état, ſoit en bien, ſoit en mal, je conſens que tout ce que vous avez avancé ſoit vrai, que tous vos reproches ſoient fondés.

Vous ne pouvez pas vous conſoler, à ce qu'il paroît, de cette concluſion des Commiſſaires, *que les prétendus effets du Magnétiſme ſont ceux de l'imagination, ou de l'attouchement, ou de l'imitation;* & en l'examinant *tanquam iratus*, pour démontrer leur tort, vous leur faites une comparaiſon, qui conſiſte à dire : que ſi l'on pouvoit raiſonner & conclure ainſi, il ſeroit également permis, lorſqu'on a donné un purgatif, d'attribuer ſes effets à l'imagination, à l'attouchement, ou à l'imitation, & de les expliquer par une de ces trois cauſes. Mais vous-même, ne trouveriez-vous pas abſurde qu'un Artiſte, par exemple, pour rendre raiſon du mouvement d'une machine, qui pourroit être mue par trois puiſſances, par l'eau, l'air & le feu, eut recours à des agens inconnus, à d'autres cauſes qu'à celles dont il peut prouver l'exiſtence, la réalité, calculer même l'action & les forces.

Les Commiſſaires, pour expliquer les effets dont ils étoient témoins, ne pouvoient donc avoir recours qu'à ce qu'ils voyoient, c'eſt-à dire, qu'à leurs véritables cauſes.

Dans le paragraphe, avec titre : *Autres Doutes ſur vos expériences*, (pag. 51 & 54), je n'ai trouvé, à la rigueur, que vous, qui dites que vous n'avez pas de nom, que vous vous appellés Légion, & puis ce galant homme tourmenté de la furie américaine, qui tâchoit, dites-vous, de vivre *en paix*, comme *en conſcience*, &c. Mais, c'eſt dans celui qui a pour titre : *Doutes ſur votre derniere concluſion que le Magnétiſme animal eſt une chimere*, (voyez pag. 64 & ſuivantes), que pouſſé juſqu'aux derniers retranchemens, vous nous faites part d'une penſée qui vous eſt venue à ce ſujet, & que vous regardez comme une trouvaille, comme une vraie découverte.

Vous y dites : « ce fluide tant annoncé par » M. Meſmer, que ſon Apôtre regarde comme » le miniſtre de toutes les fonctions vitales » de l'homme, ne feroit-il point auſſi celui » de toutes les fonctions intellectuelles, le » miniſtre de la ſenſation, de la mémoire, de » l'imagination ? Et ſi l'imagination étoit elle- » même l'un des phénomènes de cet agent, » qu'auriez-vous fait, Meſſieurs, en rappor- » tant à la ſeule imagination tous les phéno- » menes du Magnétiſme animal ?.. Hélas ! » dites-vous, vous n'aviez rien fait du tout, » que tourner autour de M. Meſmer. »

Vous ajoutez, pag. 73 : « Du fond de » mon trou de Province, je n'oſe me flatter » d'avoir entrevu la vérité, dans le fond de » ſon puits. Mais ſi, par hazard, j'avois eu » ce bonheur, tout votre rapport, Meſſieurs,

» ne feroit, en vérité, qu'un grand bruit perdu;
» vos expériences fur l'imagination n'abouti-
» roient elles-mêmes qu'au principe de M.
» Mefmer, mais par une voie détournée ».

Il faut convenir que peu de Lecteurs s'attendoient à cette conclufion. Vous avez tant d'art que vous faites tourner au profit du Magnétifme, la chimere même du Magnétifme, fur-tout, lorfque vous dites, du fond de votre trou de Province, que, puifque tous les effets obfervés font ceux de l'imagination, à coup fûr, *l'imagination elle-même doit être l'effet du Magnétifme.*

Voilà donc l'imagination elle-même l'effet du Magnétifme. Quand le Jongleur d'Amérique, barbouillé de roucou, fait voltiger fes plumes, & qu'il annonce au troupeau, qui le fuit, que le grand Efprit leur ordonne à tous, fous peine de mort, de lui apporter chacun un préfent de valeur; il eft certain que l'acte par lequel chaque Américain remue les bras & les jambes, pour aller chercher, ou porter ce préfent de valeur, eft un effet de fon imagination fortement frappée de la puiffance du grand

Eſprit, & que l'imagination elle-même eſt l'effet du fluide magnétique du Jongleur, porté d'une part, de l'extrêmité de ſes doigts, en geſticulant, juſqu'à la rétine des yeux, & de l'autre, par le ſon de la voix, juſqu'au tympan de l'oreille des ſpectateurs, qui détermine la courſe qu'ils font pour porter au Jongleur des préſens de valeur. Sous ce point de vue, la carabine de Mandrin a dû être un furieux conducteur du Magnétiſme, lequel eſt bien plus ancien qu'on ne penſe. Que ſait-on même, ſi les grands Prédicateurs n'ont pas dû tous leurs ſuccès au fluide magnétique, dont ils étoient imbus, & qu'ils faiſoient paſſer avec rapidité par la prunelle, par le tympan, & ſouvent même par la bouche de chaque auditeur, comme le dit très-bien Virgile : *intentique ora tenebant.*

En analyſant bien ce Magnétiſme, on trouvera peut-être, un jour, pourquoi tel ou tel individu en eſt plus ou moins ſuſceptible, à raiſon de la grandeur de la bouche, & ſur-tout de celle des oreilles qui ſont, comme on ſait, d'après une propoſition de M. Meſmer, que le *fluide magnétique eſt toujours renforcé par le ſon*, la principale voie ou partie par laquelle il s'inſinue; & relativement à cet avantage, il eſt poſſible encore qu'on diſe de ceux qui en ſont bien pourvus : *gaudeant bene nati ;* car tout eſt affaire de mode ou d'opinion, dans ce monde. J'avoue que cette découverte vous appartient, & qu'elle eſt belle. Vous prouvez qu'il eſt poſſible d'entrevoir, dans un trou de Province, une ſuperbe vérité.

C'eſt dans le paragraphe, qui a pour titre : *Doutes ſur ce que vous auriez dû faire*, (pag. 73), que vous vous comparez modeſtement à la tortue qui marche à quatre pates, & que vous annoncez que, dans tout ce que vous allez dire vos doutes ſeront plus forts que jamais : ce qui forme environ deux pages pour ce qui vous concerne, (ce n'eſt pas trop); mais ne pouvant pas vous perdre de vue, vous nous entretenez encore un peu de vous; enfin, vous vous quittez, pour nous parler de l'intérêt, de l'eſprit des Corps en génétal, & du deſpotiſme en particulier, qu'exercent les Médecins; « deſpotiſme, dites-vous, le plus com-

» plet dont l'homme ſoit capable, ſans ex-
» cepter peut-être le deſpotiſme religieux, (*voyez*
» pag. 101), & vous comparez charitablement
» les Médecins aux Jéſuites ».

Il eſt certain que des êtres iſolés, tels que les Médecins, qui ont tous intérêt de gagner, de conſerver la confiance & l'eſtime publiques; qui ſont partie de la ſociété ordinaire; dont la plûpart ont une famille à placer; qu'on appelle & qu'on renvoie, quand on veut (ſouvent même ſans les payer), dévoués par état au ſervice du Public; auxquels preſque tous les plaiſirs ordinaires ſont interdits; dont les occupations les plus familières & les plus chères ſont, à peu près, celles des Sœurs griſes ou des Freres de la Charité; qui ſont l'office d'amis, de conſolateurs du genre-humain, qui ne ſe permettent pas la moindre indiſcrétion ſur les foibleſſes de tout genre, dont ils ſont journellement témoins; qui ne trahiſſent jamais la confiance d'un malade; qui n'ont d'autre but, d'autre ambition que de guérir les maladies; qui ſont obligés de dévorer tous les dégoûts inſéparables des cris, des plaintes des mourans, des vaporeux ; qui ne refusent jamais d'aller au secours des pauvres, des pestiférés, lorsque l'occasion s'en présente ; dont les places sont les moins lucratives ; dont tous les travaux, soit anatomiques, soit chymiques, sont très périlleux pour eux, & toujours dirigés vers l'utilité publique ; dont plusieurs ont fait des épreuves sur eux-mêmes, quelquefois funestes, pour découvrir les qualités des corps dont l'homme fait usage ; dont enfin, on citeroit des milliers morts au service des malades, dans les calamités publiques ; il est certain, dis-je, que des citoyens de cette espèce, doivent former une classe d'hommes fort dangereuse dans la société, & que tous les honneurs qu'on leur a décernés, tous les monumens, tous les témoignages d'estime & de reconnoissance publiques, toutes les statues, toutes les couronnes civiques qu'ils ont mérité, tous les services qu'ils ont rendus, tous leurs travaux ne doivent être comptés pour rien, du moment qu'ils ont eu le malheur de vous déplaire.

On admire, dans ce paragraphe, la tranquillité d'ame, & sur-tout, la véracité, avec

laquelle vous dites : « Depuis la profcription
» de la circulation du fang . qui ne ceffa point
» de circuler , jufqu'à celle de l'inoculation,
» que nous ne cefsâmes point de pratiquer,
» écoutez les cris, contemplez l'acharnement
» de votre Corps ». (Ne diroit-on pas qu'il eft queftion ici d'une troupe de diables affemblés, & ligués contre ce genre-humain). Vous ajoutez, avec le même fang froid, pag. 104.
« La grande différence entre le férail & vos
» écoles, eft que les exécutions du férail fe
» font par des muets, & que vous voulez
» faire étrangler ceux qui difent des vérités par
» des gens qui ne parlent que trop. Mais il
» s'agit de vous ôter tout, votre fortune,
» votre exiftence, & même votre honneur;
» c'eft un combat à la vie & à la mort ».

S'il s'agiffoit de quelque chofe de plus férieux que de tours de gibecière ; fi tout n'étoit permis à une perfonne attaquée de nerfs, fouvent dans le délire, on lui diroit : quoi! vous prenez férieufement des ordonnances de Médecine, pour des actes de defpotifme, des difputes d'école, pour des confpirations contre le genre-humain; l'école elle-même, pour un férail! vous faites plus; au risque de toucher, vous ajustez le poignard sur le sein de mille citoyens paisibles, honnêtes, vertueux, occupés à faire le bien, qui ne vous ont rien fait, que vous ne connoissez pas. Vous essayez de troubler leur tranquillité. Vous avez donc le malheur de ne point croire à la vertu. Mais vous êtes plus à plaindre qu'à blâmer. Vous ne vous connoissez pas vous-même. Dans un moment de mauvaise digestion, vous vous êtes trop identifié avec vos héros, Mesmer & Bléton; malheur alors à ceux qui se sont présentés, qui ont entrepris de les démasquer; & vous n'avez apperçu que les Médecins. Votre vengeance étoit donc naturelle; tous les Magnétismes étoient votre propriété, & les procédés des gens de l'art, un attentat à votre bien, à votre tranquillité, à votre droit le plus sacré. Peut-on faire un crime à un enfant de battre celui qui lui enlève sa poupée. N'étiez-vous pas alors un véritable enfant? Votre colère n'étoit-elle pas fondée? Que n'avez-vous pas fait pour la prouver; que n'avez-vous pas dit pour la juſtifier?

Vos *Idées ſur la manière d'expérimenter & de vérifier le Magnétiſme animal* (p. 105 & ſuiv.), ſont un peu moins noires. D'ailleurs, dans ce paragraphe, vous y parlez encore beaucoup de vous; (*voyez* p. 105, 113, 117 & 118), & votre préſence devoit néceſſairement vous appaiſer. Auſſi, un retour ſur vous-même, & la force de la vérité vous arrachent-ils cet aveu:

« Oui, Meſſieurs, je le dis ſans flatterie,
» à conſidérer toutes les profeſſions qui, dans
» la ſociété, rempliſſent le loiſir, ou les beſoins
» des hommes, je n'en connois aucune, quant
» à moi, où l'on trouve plus que dans la vôtre,
» des hommes aimables, de vrais ſavans, de
» bons citoyens, d'excellens pères de famille,
» des amis sûrs, (*voyez* p. 118) ».

Encore paſſe, c'eſt un peu plus doux.

Vous dites, avant de finir, que la Médecine ceſſe de nous tromper, & nous ne nous livrerons plus par déſeſpoir, aux Charlatans. Si cette propoſition eſt raiſonnable, il paroît que le choix que vous faites des Médecins, votre impatience, votre inquiétude ne le font guères. Eh! que ne prenez-vous des hommes de l'art qui sachent vous calmer. Leur despotisme, que vous redoutez tant, sera toujours subordonné à votre volonté. Vous croyez donc qu'ils sont tous partisans des drogues! Pour ne pas vous tromper, choisissez ceux que les Apothicaires n'aiment point, il y en a; mais avouez plutôt que le peuple des vaporeux ne sauroit être raisonnable.

Voyez de quelle maniere les Charlatans vous bercent, depuis environ 25 ans. L'un vous a fait scier du bois, puiser de l'eau, frotter votre appartement; un autre vous a noyé dans l'eau de veau; un berger vous a fait courir sur les plus hautes montagnes de la Suisse; Cagliostro vous a fait avaler tous ses élixirs; un autre vous a appliqué sur le corps des appareils de pierre; un autre berger vous a fait acheter ses paniers d'ordonnances; enfin celui-ci vous vend la bêtise, sous le nom de *Magnétisme animal*; chacun de ces trafiquans a été, à son tour, le Dieu de la

Médecine, & aucun de vous n'eſt encore guéri.

Voyez dans l'*Anti-magnétiſme*, & ailleurs, le prix de cette derniere marchandiſe qui nous vient d'Allemagne, & combien vous êtes injuſtes à l'égard des Médecins. Rappellez-vous le tems, où elle fut miſe en vente, pour la premiere fois. Celui qui l'apportoit, fut accueilli des Médecins de la Capitale. Des Energumènes écrivent contre les Médecins. On crioit déja à la perſécution, lorſqu'on lui procuroit des malades, pour faciliter ſes premiers eſſais. On les bravoit, on les inſultoit même, lorſqu'un Médecin de la Faculté leur enlevoit & partageoit leurs dépouilles avec cet Allemand. Vous le comparez à Socrate, qui n'en eſt pas encore, dites-vous, à la ciguë; vous-même vous prenez nos Ecoles pour un Sérail, où l'on étrangleroit volontiers celui qui n'eſt pas de notre Religion; tandis qu'avec toutes ſortes de droits payés, acquis, cimentés, permis, de dénoncer, de pourſuivre un Charlatan, ou tout homme ſans caractère, exerçant la Médecine à Paris, on n'a fait encore aucune démarche, on n'a formé aucune plainte contre le vôtre. C'eſt vous ſeul qui avez fait tout le bruit. Cela me rappelle un domeſtique ſouvent en faute, qui pour prévenir les plaintes de ſon maître, commençoit toujours par le gronder & ſe plaîndre bien fort : celui-ci, pour avoir la paix, ſe contentoit de lui dire : j'ai tort. Les Médecins ſe ſont permis, ſans doute, quelques plaiſanteries, ſur votre Meſmer ; mais il ſeroit aſſez plaiſant qu'un Seigneur, dans ſes terres, n'eût pas le droit de plaiſanter des Braconniers qui viennent chaſſer deſſus. Et qui eſt-ce qui céde aujourd'hui ſes droits auſſi facilement que les Médecins ? Voit-on un Parlement, une Juriſdiction, en laiſſer établir une autre dans ſon Reſſort? Un Seigneur permet-il qu'un autre prenne ſes armes, ſa livrée ? Un Fermier ſouffre-t-il la contrebande ? Il n'y a donc que nous, qui ſouffrons tout, vos inſultes, vos outrages, vos injuſtices, le braconnage, la fauſſe livrée, la contrebande ; & c'eſt cet excès d'honnêteté qui rend tous ces Braconniers, ces Contrebandiers ſi inſolens, & enfin perſécuteurs eux-mêmes, ſe diſant toujours perſécutés.

Vous dites : ſi la Médecine étoit bonne, cela n'arriveroit

n'arriveroit pas. Mais comment pouvez-vous juger de la bonté de la Médecine? Sera-ce vous, toujours inquiet, toujours extrême, toujours variable, jamais dans une aſſiette naturelle, qui mettez toujours aux nues, ou dans la boue, un homme de l'art, jamais à ſa place.

Vous dites encore : ſi les Médecins avouoient, abjuroient leurs erreurs, mettoient la nature au-deſſus de l'art, on pourroit leur donner ſa confiance. Mais on voit bien que vous ne ſavez à qui vous en prendre. Il n'y a point de profeſſion au monde où les erreurs ſoient mieux connues que celles des Médecins. Eux-mêmes les dévoilent, les publient aſſez; & on ſait bien qu'en général ils ne s'épargnent pas. Vous méditez une réforme en Médecine; vous voulez que les Médecins ſe corrigent; mais que diriez-vous de quelqu'un, qui, voulant réformer un édifice, dont il ne connoît qu'un côté foible, c'eſt-à-dire, quelques pans de murs qui en maſquent l'intérieur, la belle ordonnance & ſes effets, donneroit, avec importance, un plan de nouvelle conſtruction, ainſi qu'un ordre de renverſer tout l'édifice qui exiſte, & qui apprendroit, au même inſtant qu'on y porte la hache, que celui qu'il veut abattre, eſt préci. conſtruit & ordonné comme il le deſire ? Si, dans le tems que le Louvre était maſqué de tous côtés, par des bâtimens, conſtruits dans l'intérieur, ou par des décombres, quelqu'un en eût jugé par les échoppes de la cour où l'on vendoit du fromage, croit-on qu'il en auroit eu une idée bien juſte ? Depuis qu'on en a écarté toutes les petites cabanes, qui ne tenoient point à l'édifice, quel développement, quelle richeſſe ! quelle beauté ! Commencez par accorder aux Médecins & à la Médecine, la conſidération qu'ils méritent, leurs priviléges, leurs droits; ne les confondez pas avec des Pantalons, des Bouffons, des Hiſtrions, des Charlatans; que ceux qui ne croient point aux vertus ne ſe mêlent point de leurs affaires, (ils infecteroient l'univers de leur maniere de penſer) que les peſtes publiques, qui empoiſonnent tout, ſoient réprimées; & alors on verra de quel côté la réforme eſt à faire.

Si vous avez beſoin d'un Médecin, prenez

un homme ſimple, ſenſible, honnête, un peu Philoſophe, ami du vrai, qui n'ordonne pas beaucoup de drogues, & qui ait des lumières, vous verrez ſi vous aurez jamais lieu de vous en repentir. Mais ce n'eſt pas celui que vous choiſirez, il vous faut un merveilleux, un homme à miracles, qui vous guériſſe ſubitement & ſans vous toucher.

Convenez que vous ne ſavez trop ce que vous demandez, ni ce que vous voulez; qu'il eſt de l'eſſence de certaines maladies, de faire courir les malades après des chimeres, & qu'il n'y a que les illuſions qui leur plaiſent; que la vérité, le bien public, les découvertes réelles, vraiment utiles, ſont des choſes bien indifférentes pour eux; mais que la marche bien combinée d'un Charlatan habile, les ſéduit autant que l'obſcurité dans laquelle il s'enveloppe & à la faveur de laquelle il ſe ſauve toujours; & qu'enfin, aujourd'hui, un impoſteur adroit, qui nie tout ce qu'il a avancé, qui refuſe tout ce qu'il a demandé, qui brave tout, qui ſe mocque de tout, doit être un homme bien ſupérieur à tout ce qui exiſte.

En voilà aſſez, Monſieur, ſur vous & ſur votre Livre. Après avoir lu & analyſé les principales propoſitions qui y ſont contenues, je crois être en droit d'en conclure :

D'abord, que vous avez parlé beaucoup de vous, ſoit en commençant, ſoit en continuant, ſoit en finiſſant, ce qui a paru à beaucoup de Lecteurs un hors-d'œuvre fort déplacé; en ſecond lieu, que vous avez dit beaucoup de mal des Médecins & de la Médecine, ſans connoître les Médecins, ni la Médecine; en troiſieme lieu, qu'aucun de vos reproches n'étoit fondé; en quatrieme lieu, que tous les frais d'eſprit, de tems, de papier, de phraſes, d'antithèſes, de peroraiſons & d'apoſtrophes, que vous avez faits ſur-tout pour ramener les Médecins à la nature, ce qui forme au moins les deux tiers de votre Ouvrage, ſont ſouverainement inutiles & entiérement perdus; en cinquième lieu, que vous ne nous avez rien appris, ſinon que votre bile eſt ſouvent fort âcre, & que vous broyez par fois du noir; en ſixieme lieu, que vous avez voulu traiter fort gravement & comme une affaire d'État, une faribole, une chose digne du plus profond mépris; & qui devoit être fort au-dessous de vous & de vos talens; en septieme lieu, que la chose principale, celle qui pouvoit seule assurer quelque succès à votre écrit, la seule qui persuade, y manque entiérement; c'est la vérité qu'on n'y trouve nulle part; d'où il suit que, si votre but n'a été que de nuire aux Médecins & à la Médecine, il est entiérement manqué; en neuvieme lieu, que si vous aimez sincèrement cette vérité & le bonheur des hommes, vous avez une belle occasion pour le prouver, soit en vous rétractant, soit en allant au secours de l'humanité, soit en rendant justice à qui elle est due; mais que si vous n'aimez ni la vérité, ni le bien public, vous ne répondrez rien, vous ne ferez rien, vous ne direz rien; en dixieme lieu, que c'est d'un ridicule suprême, n'étant ni Médecin, ni Physicien, ni instruit dans aucune de ces Sciences, d'avoir entrepris un ouvrage qui n'a pour objet, que des questions de Physique & de Médecine; que le ridicule seroit le même, si les Médecins présentoient au Parlement un plan de réforme ſur la Juriſprudence. Tous les Juriſconſultes ne ſeroient-ils par en droit de leur dire : de quoi vous mêlez-vous, que deviennent vos malades, tandis que vous paſſez votre tems à délibérer ſur de pareils objets ? Si vous êtes Magiſtrat, n'eſt-on pas en droit de vous demander ? Que deviennent la veuve & l'orphelin, ſi au lieu d'aller à leur ſecours & de leur être utile, vous vous occupez à faire des Livres contre les Médecins.

F I N.

ERRATA.

Page 31, *ligne* 22, prenoient; *lisez*, prônoient.

www.ingramcontent.com/pod-product-compliance
Ingram Content Group UK Ltd.
Pitfield, Milton Keynes, MK11 3LW, UK
UKHW020357180726
13839UKWH00003B/1151